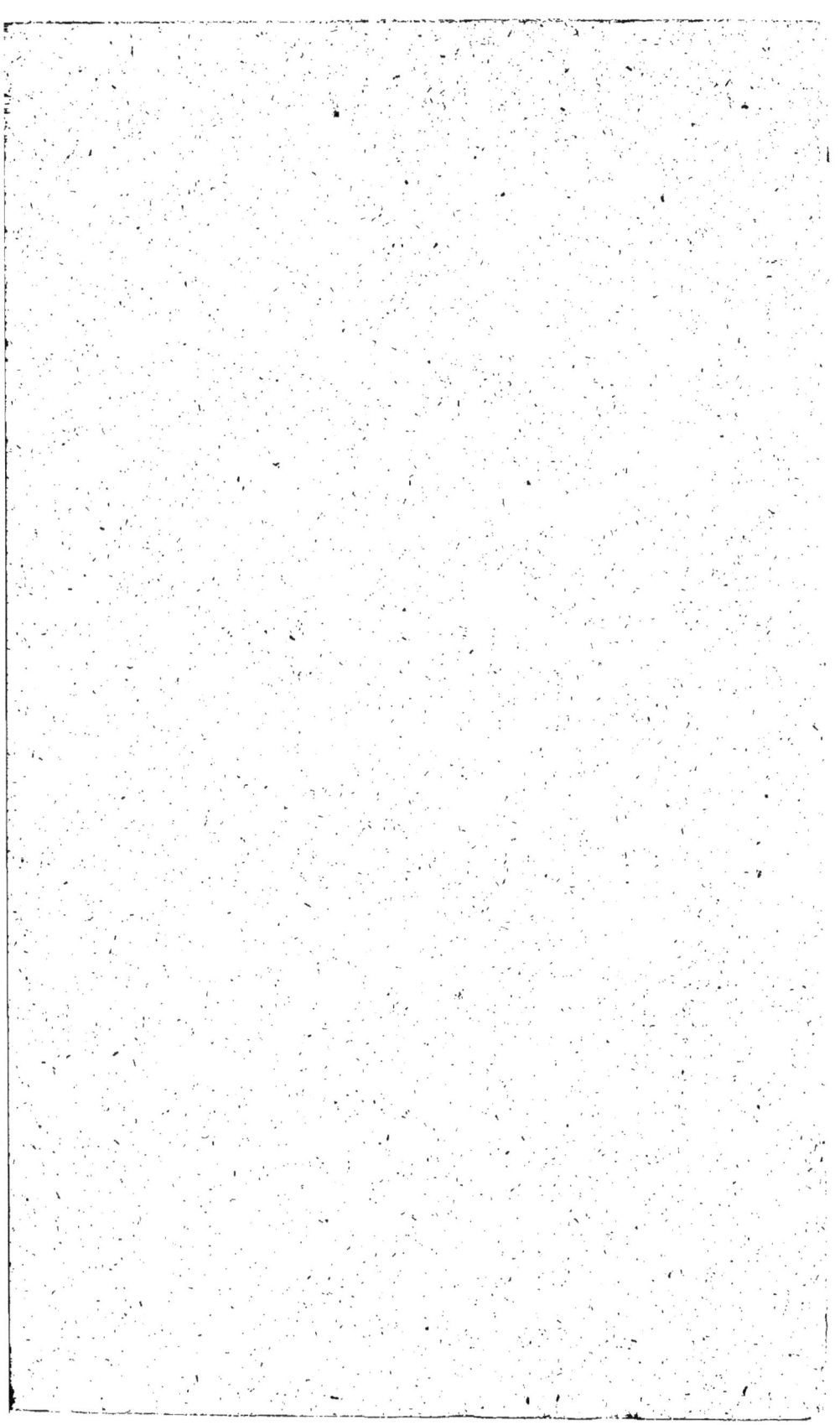

Physiologie

DE

L'ACTION MUSCULAIRE

APPLIQUÉE AUX ARTS D'IMITATION,

PAR LE CHEVALIER

SARLANDIERE,

Membre de l'Académie impériale de Saint-Pétersbourg, de plusieurs sociétés savantes nationales et étrangères, docteur en médecine, professeur d'anatomie, de physiologie et de physique appliquée à la médecine.

Si, comme on le dit, la sculpture, la peinture, sont l'art
d'animer le marbre et la toile, comment rempliraient-
elles cet objet sans la connaissance de l'expression, sans
une étude tout à la fois expérimentale et raisonnée de la
physionomie ?

MOREAU, de la Sarthe. *Disc. sur Lavater.*

—❧◦◦◦❧—

PARIS,

DE L'IMPRIMERIE DE LACHEVARDIERE,

RUE DU COLOMBIER, N° 30.

1830.

Manquent les pages de 17 à 32

Manque la feuille 2.ᵉ page 17=32.

~~La feuille 2 est introuvable~~.

PHYSIOLOGIE

DE

L'ACTION MUSCULAIRE.

Physiologie

DE

L'ACTION MUSCULAIRE

APPLIQUÉE AUX ARTS D'IMITATION,

PAR LE CHEVALIER

SARLANDIÈRE,

Membre de l'Académie impériale de Saint-Pétersbourg, de plusieurs sociétés savantes nationales et étrangères, docteur en médecine, professeur d'anatomie, de physiologie et de physique appliquée à la médecine.

> Si, comme on le dit, la sculpture, la peinture, sont l'art d'animer le marbre et la toile, comment rempliraient-elles cet objet sans la connaissance de l'expression, sans une étude tout à la fois expérimentale et raisonnée de la physionomie?
>
> Moreau, de la Sarthe. *Disc. sur Lavater.*

PARIS,

DE L'IMPRIMERIE DE LACHEVARDIERE,

RUE DU COLOMBIER, N° 30.

1830.

PRÉFACE.

On a beaucoup écrit sur la physionomie, sur les atti-
tudes du corps, sur toutes les fonctions dans lesquelles
les muscles jouent le principal rôle : Lavater, Lebrun,
Chodowiecki, Lachambre, Herder, Engel, Camper, sont
les écrivains qui ont été le plus en possession de fixer
l'attention publique, et spécialement celle des peintres et
des philosophes, sur cette étude de la mimique humaine ;
mais, il faut l'avouer, leurs écrits ne font qu'effleurer
les lois du mouvement ; tout y est vague et indéterminé
sous ce rapport : Lavater associe les instincts et les pen-
chans à la disposition des traits, et plus encore à la
forme du visage ; Engel ne parle que des mouvemens en

général, et peint plutôt leur ensemble qu'il ne s'attache à décrire chaque action musculaire déterminée par telle ou telle émotion ; Lachambre n'a fait qu'une œuvre métaphysique, et se perd dans un luxe de causes déterminantes, qui nuit à la précision du sujet ; Lebrun, Chodowicki, n'ont qu'indiqué les aspects de physionomie déterminés d'après la nature des passions, sans dire un mot des lois motrices ; enfin Camper est celui qui s'est le plus rapproché de la simplicité du sujet par des descriptions nettes et dégagées de métaphysique : nous lui devons d'avoir fait connaître que les traits ou rides du visage coupent toujours à angles droits la direction des fibres musculaires ; mais il a commis des erreurs très graves dans les fonctions qu'il attribue aux divers nerfs excitateurs des muscles dans les passions ; l'usage de la septième paire seule est exact. Ainsi aucun de ces auteurs n'a examiné comment chaque muscle se contracte en particulier, soit sous l'influence des passions, soit sous celle de la volonté ou indépendamment de cette volonté, pour produire, par ses mouvemens partiels ou d'ensemble, l'expression et les gestes ; aucun d'eux n'a conséquemment trouvé les lois en vertu desquelles ces mouvemens ont lieu.

Les muscles sont les agens immédiats du mouvement ; ils reçoivent leur excitation par le moyen des nerfs ;

ils sont composés de fibres parallèles formées de fibrine et de substance nerveuse ; ces fibres ont la propriété de se raccourcir sous l'influence des nerfs , et d'opérer par ce raccourcissement la contraction totale ou partielle du muscle dont elles font partie ; c'est alors que le muscle déplace les parties mobiles auxquelles il s'attache.

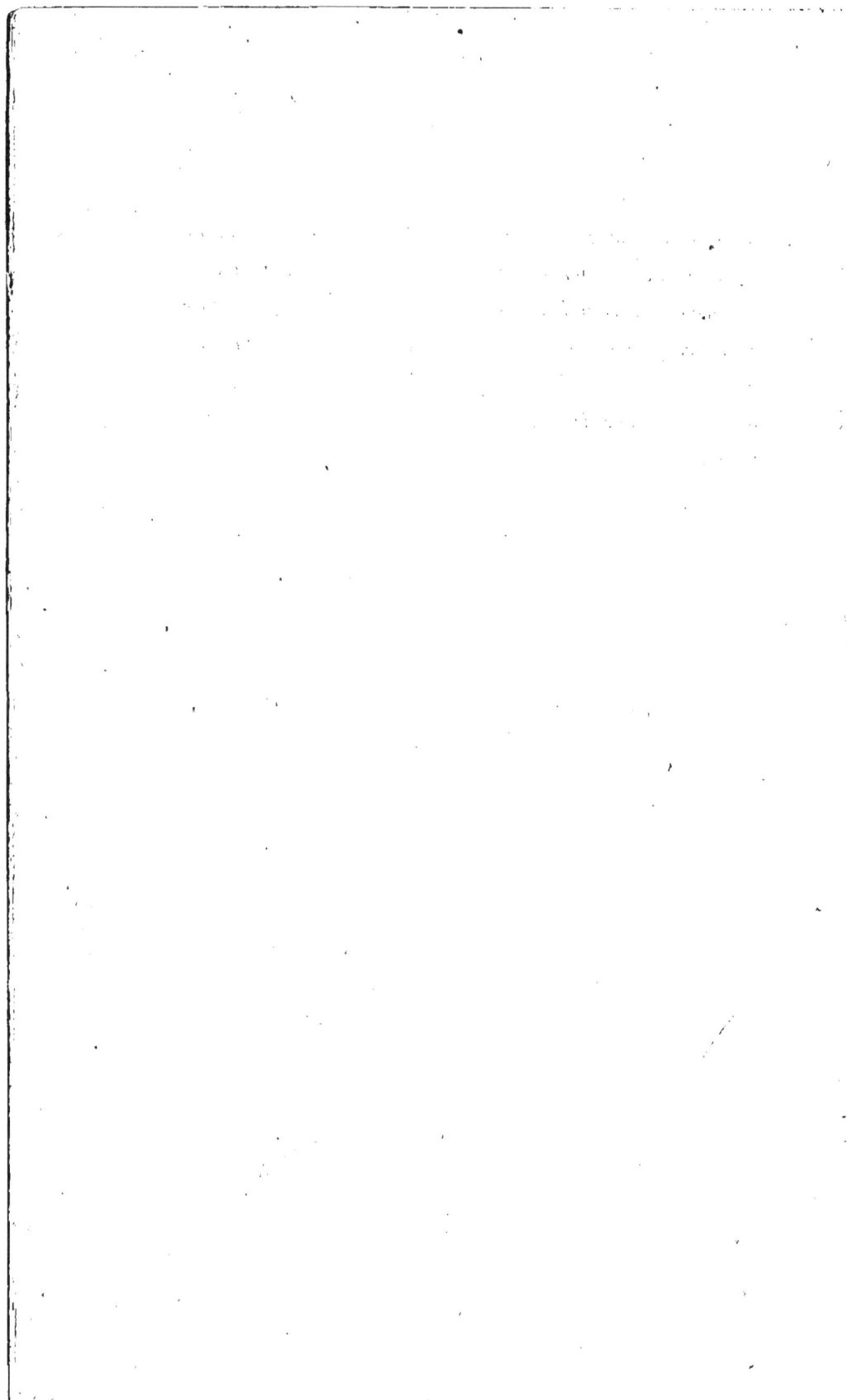

DES DIFFÉRENCES
DE L'ACTION MUSCULAIRE
CONSIDÉRÉE PHYSIOLOGIQUEMENT.

Les muscles de l'expression faciale ont des fonctions essentiellement différentes de celles des autres muscles du corps, qui servent à mouvoir des leviers ou à maintenir les parties dans des rapports de rectitude ou d'équilibre. Ces fonctions ne me paraissent pas avoir été suffisamment connues des physiologistes, des anatomistes ni des physiognomonistes. On a attribué à certains de ces muscles des usages qu'ils n'ont pas ; c'est ainsi que le muscle transversal du nez n'est ni un dilatateur des narines, ni un constricteur, comme l'ont cru jusqu'à ce jour les anatomistes ; mais bien un muscle qui fronce la peau des ailes du nez dans toutes les expressions ironiques : c'est ainsi aussi que les muscles sus et pré-auriculaires sont bien moins des muscles moteurs du pavillon de l'oreille qu'ils ne sont tenseurs de l'aponévrose frontale et de la peau du front transversalement, dans toutes les affections gaies. Les physiologistes des temps passés croyaient que les fibres musculaires étaient exclusivement destinées à servir de puissances motrices pour déplacer des parties organiques, c'est-à-dire pour faire agir des leviers ; c'est cette idée fixe et bien arrêtée qui a empêché qu'on ne reconnût leur action dans le jeu des passions, ou au moins qu'on ne la reconnût d'une manière exacte : ainsi il n'était pas venu à l'idée des observateurs, que les sourcils eussent pour usage exclusif de servir par leurs différentes inflexions au langage muet et éloquent de l'âme, à divulguer les diverses émotions auxquelles notre impressionabilité nerveuse nous rend plus ou moins sujets. On a mieux aimé supposer que les sourcils étaient implantés pour protéger l'œil contre les corps étrangers, et pour empêcher l'introduction d'un trop grand nombre de rayons lumineux, sans réfléchir que les cils ont pour objet le premier de ces soins, et que l'iris, par son exquise contractilité, est en possession du second. D'après les mêmes idées, on avait supposé que le muscle surcilier se contractait dans les affections tristes, parceque l'œil aimait à fuir la lumière ; et dans les passions colériques, parceque la sensibilité exaltée de la rétine s'en trouvait blessée : on trouve même encore des traces de ces opinions qui soumettent tout à la mécanique dans la physiologie du professeur Richerand, ouvrage si estimé de nos jours (*Voyez* l'article sourcils). Cependant, les travaux des physiologistes modernes, et notamment de Bichat, de Charles Bell, Schaw, Magendie, Desmoulins, avaient signalé des différences notables tant dans l'organisation musculaire que dans la nature des nerfs qui se distribuent aux muscles d'expression, aux muscles à mouvement volontaire, à ceux qui président à la respiration et à ceux qui agissent dans l'assimilation et l'exonération des produits de nutrition.

Mais il manquait à la science physiologique de traiter *ex professo* des différentes actions musculaires, et d'assigner d'une manière positive à chaque espèce de muscles les fonctions réelles qu'ils sont destinés à accomplir. C'est cette lacune que je m'efforcerai sinon de combler, au moins de remplir en partie dans cet essai, parceque je pense qu'il est d'une grande importance de reconnaître la véritable nature de nos mouvemens musculaires, et surtout de ceux de l'expression faciale. Cette connaissance est non seulement nécessaire au médecin physiologiste, mais encore au philosophe observateur, au peintre, au statuaire, à l'artiste dramatique, au diplomate, au magistrat, et généralement à tous ceux dont la mission est d'interroger le cœur de l'homme ou de représenter les émotions qu'il éprouve et les mouvemens qu'il exécute dans les diverses circonstances de la vie (1).

(1) Mon intention n'étant pas de traiter métaphysiquement de l'expression faciale, ni d'entrer dans aucune des subtilités physiognomoniques, mais simplement de constater des faits que l'observation découvre et dont la physiologie rend raison, je m'abstiendrai de réflexions sur le principe vital, et je ne ferai que mentionner ici, en note, les fonctions que chaque nerf de la face est destiné à remplir. Les première, deuxième et huitième paires sont exclusivement affectées aux sens de l'odorat, de la vue et de l'ouïe; la troisième paire est motrice des muscles releveurs de la paupière supérieure, et de ceux de l'œil, à l'exception du droit externe et de l'oblique supérieur; ce dernier muscle reçoit le mouvement par la quatrième paire; la sixième paire est motrice du muscle droit externe de l'œil; la cinquième paire donne la sensibilité à toutes les parties de la face; de plus, c'est dans les nerfs de cette paire que réside le sens

Après ces considérations préliminaires, je vais entrer en matière.

Considérés sous le rapport physiologique, les muscles peuvent être divisés en quatre espèces ou variétés.

1re *espèce*. LES MUSCLES D'EXPRESSION. Ce sont ceux qui obéissent avec une singulière finesse d'action à toutes les impressions sensitives, à ce qu'on nomme les *mouvemens de l'âme*; quelquefois ces muscles se contractent soit sous l'empire de la volonté, soit involontairement, avec une délicatesse extrême pour concourir à produire ce qu'on appelle l'*expression*. C'est ce qu'on observe dans les émotions douces, dans les passions affectueuses. D'autres fois ces muscles se contractent avec énergie et dessinent des sallies rudes et des *dépressions* très marquées; c'est ce qui a lieu dans les émotions vives et dans les passions violentes, principalement dans les passions haineuses et dans l'effroi; ces contractions énergiques sont plus souvent involontaires que volontaires, et encore lorsqu'on veut s'efforcer de les représenter sans avoir reçu naturellement l'impression qui les détermine, est-on obligé de se procurer mentalement une sensation

du goût; ils sont aussi la condition excitante des première, deuxième et huitième paires, et président aux mouvemens des muscles masticateurs; la septième paire se distribue à tous les muscles de l'expression faciale, et en est le moteur exclusif; ce nerf avait été appelé petit sympathique par quelques anatomistes; les autres paires de nerfs se distribuent aux organes de la digestion et aux muscles *locomoteurs*.

forte, afin que le centre nerveux réagisse sur les muscles d'expression et les force à lui obéir. C'est de cet artifice qu'usent les bons acteurs : j'ai souvent entendu dire à Talma qu'il s'identifiait avec les caractères qu'il voulait représenter, en se préparant par de fortes impressions; Molière est mort pour avoir trop bien joué le rôle qu'il venait de créer....

2.e *espèce.* LES MUSCLES A MOUVEMENT VOLONTAIRE. Ce sont ceux qui servent à mouvoir des leviers ou à maintenir les parties de l'organisme dans des rapports de rectitude ou d'équilibre. Dans cette espèce se trouvent compris les muscles qui servent à la déglutition. Tous ces muscles n'agissent ordinairement que sous l'empire de la volonté; ils ne se contractent involontairement que dans un état maladif. Si dans les passions fortes ou les impressions vives, ils semblent agir involontairement, comme cela a lieu dans la fuite occasionée à l'aspect du danger, on doit moins attribuer ces mouvemens à une absence de volonté qu'à un instinct conservateur qui agit avant que ce qu'on appelle *réflexion* ait eu le temps de déterminer l'espèce de mouvement le plus convenable; aussi est-il quelquefois arrivé que pour fuir un animal féroce on s'est jeté dans un précipice. Dans ce cas, le jugement n'a pas eu le temps d'aviser aux mouvemens les plus convenables; mais l'instinct, qui est aussi une volonté, a déterminé les mouvemens les plus nécessaires; en d'autres termes, on a pris le

parti de fuir avant d'avoir pu penser par quel côté
on se dirigerait.

3e *espèce*. LES MUSCLES A MOUVEMENT VOLONTAIRE
LIMITÉ. Ce sont tous ceux qui servent à la respiration. On peut bien, jusqu'à un certain point, accé-
lérer, ralentir ou suspendre l'inspiration ou l'ex-
piration ; mais il est une limite au-delà de laquelle
il n'est plus possible d'influencer ces actes ; les
muscles triomphent de la volonté et la respiration
continue. Les passions et les émotions ont moins
d'influence sur ces muscles que sur les deux autres
espèces.

4e *espèce*. LES MUSCLES A MOUVEMENT INVOLON-
TAIRE. Ceux-ci sont entièrement soustraits à l'empire
de la volonté ; ce sont tous les muscles de l'intérieur
(muscles viscéraux), à l'exception du *diaphragme*
qui est un muscle de la respiration. La plupart des
muscles viscéraux se contractent d'une manière
lente et vermiculaire ; c'est même ce qui les dif-
férencie principalement des muscles à action volontaire dont les contractions s'opèrent d'une manière plus ou moins brusque. Il faut cependant en
excepter le cœur et l'œsophage qui se contractent
brusquement, le cœur surtout ; mais cet organe
fait une exception parmi tous les muscles viscéraux ;
il ne se repose jamais, et, depuis le premier moment
de l'existence jusqu'au dernier, il se contracte par
mouvemens réglés qui se succèdent sans relâche.
Les passions et les émotions fortes ont une grande
influence sur les mouvemens du cœur, mais jamais

assez pour les arrêter, à moins que ce ne soit par les désordres portés préalablement dans le système nerveux.

Fonctions spéciales des muscles d'expression.

Les muscles d'expression peuvent être exclusivement destinés à se contracter dans les actes passionnés ou les émotions, et alors ils produisent ce qu'on appelle l'expression; ou bien ils ont une double fonction, qui est celle-ci, et celle de se contracter pour agir comme leviers lorsqu'il est nécessaire de mouvoir une partie. Ainsi les muscles labiaux se contractent pour produire l'expression du rire, du dédain, etc.; ils se contractent aussi pour la préhension du bol alimentaire; les muscles palpébraux se contractent dans l'étonnement et dans l'horreur; ils se contractent aussi pour faire admettre les rayons lumineux dans l'œil ou pour s'opposer à leur introduction par l'écartement ou l'occlusion des paupières.

Les muscles qui se contractent exclusivement dans l'expression sont ceux de la région frontale, des régions auriculaires, le muscle transversal du nez, la houppe du menton et le peaucier pour la face; les muscles érecteurs du pénis et du clitoris, et le constricteur du vagin pour le bassin.

Tous les autres muscles d'expression ont une fonction mixte. Je vais les examiner par ordre de région afin qu'on s'en rende mieux compte.

La région épicrânio-frontale contient trois muscles.

a. Le muscle *occipito-cutanéi--frontal*, ou épicrânien (voy. mon Anatomie méthodique, publiée en décembre 1829), est aponévrotique dans toute sa partie moyenne, qui recouvre le sommet du crâne; ses extrémités sont formées par un plan de fibres musculaires attachées à l'os occipital, et un autre plan plus large et plus étendu s'attachant à la peau du front, depuis les sourcils jusqu'au cuir chevelu. Ces dernières fibres adhèrent intimement à la peau du front dans toute sa surface interne, de sorte que la moindre contraction du muscle ride ou tend cette portion de peau; les contractions ne peuvent s'opérer d'un seul côté de la face, il faut qu'elles s'opèrent dans les deux portions latérales également. Les fibres antérieures se confondent avec celles du pyramidal du nez, du surcilier, et ont de la connexion avec celles de l'orbiculaire des paupières : voilà pourquoi on voit toutes ces parties entraînées par les mouvemens du muscle frontal,*et vice versâ*. Les fibres musculaires occipitales du même muscle se confondent ordinairement avec le muscle postérieur de l'oreille, et se contractent en même temps que lui. Sa partie aponévrotique épicrânienne donne attache aux muscles supérieur et antérieur de l'oreille.

Dans la satisfaction, dans la joie, surtout dans le rire, dans la vénération, dans l'attention sans contention d'esprit, et sans sentiment pénible, dans

gulaire de l'anus ou pré-moteur du coccyx, sont
trois muscles qui, outre qu'ils entrent en action
dans les spasmes voluptueux, se contractent encore ensemble dans la peur, non seulement chez
l'homme, mais encore chez le chien et d'autres
animaux, qui mettent la queue entre les jambes
lorsqu'ils craignent d'être battus.

Si les muscles d'expression, et surtout ceux de
l'expression faciale, répondent avec une si grande
mobilité aux émotions les plus fugitives ; s'ils ac-
cusent dans certains individus jusqu'aux sensations
les plus légères, les autres muscles ne se contractent
pas moins sous l'influence des passions, mais seulement lorsqu'elles se manifestent à des degrés plus
marqués... Un homme est maître des mouvemens
de son corps dans les affections légères, ou même
dans les fortes passions pourvu qu'elles se décla-
rent lentement ou qu'elles soient prévues ; mais il
est difficile et souvent impossible qu'il puisse con-
server l'impassibilité des muscles faciaux : dans
les affections violentes et subites, surtout dans
celles qui se rapportent à la surprise ; les mouvemens involontaires de la tête, du tronc ou
des membres, annoncent que les muscles *locomoteurs* obéissent à l'impression reçue, sans que la
volonté ait déterminé l'action ; à plus forte raison, la face donne-t-elle à connaître la nature
de l'impression qui a été reçue. Dans le cas où un
individu placé près de moi est vivement surpris ;
les mouvemens de sa tête, de son corps et de ses

membres me font d'abord porter les regards sur ces
parties, et je suis disposé à deviner la nature de la
sensation qu'il éprouve; mais bientôt frappé de l'ex
pression de son visage, j'y remarque la contraction
des muscles sus-frontaux et celle des muscles sus-labiaux; je juge alors que la surprise a été causée par la
joie, ou simplement par l'étonnement si au lieu de
l'élevation des angles de la bouche, celle-ci s'entr'ouvre par l'écartement des lèvres et celui des mâ-
choires occasioné par l'action du muscle digastrique : si, au contraire, je remarque que le front
s'abaisse par la contraction des muscles surciliers
et pyramidaux du nez, et que les commissures des
lèvres s'abaissent par la contraction des muscles
sous-labiaux, je juge que l'affection est de nature
pénible; si à ces remarques rapides, je joins une
attention de détail, je découvre par l'examen de la
contraction de chaque muscle en particulier ou de
son association d'action avec d'autres muscles (selon les règles que j'ai établies ci-dessus et ci-après),
de quelle nature peut être l'affection gaie ou pénible qui aura été ressentie, et je parviens en
procédant de cette manière à diagnostiquer l'espèce
ou même la nuance des impressions reçues; conséquemment je démêle si c'est du plaisir, de la
joie, de la haine, du chagrin, de la consternation,
de la crainte, etc...

La contraction des muscles locomoteurs, ou du
mouvement volontaire du tronc et des membres,
accompagne presque toutes les émotions fortes,

seulement on peut établir en principe que, dans les émotions *subites*, ils entrent en action malgré la volonté , et que, dans les impressions prévues, ils ne se meuvent spontanément que lorsqu'une volonté assez puissante ne s'y oppose pas.

Il est des affections passionnées où les muscles respiratoires entrent en action convulsive, tel est l'acte génital exercé avec violence et poussé à l'excès; telles sont encore la colère impétueuse, et toutes les passions dans lesquelles les forces vitales s'accumulent dans tout l'appareil musculaire en même temps, et qui, par conséquent, nécessitent les contractions répétées des muscles respiratoires, et celles du cœur, afin de chasser une plus grande quantité de sang qu'à l'ordinaire vers la periphérie. Enfin les muscles de la vie organique se contractent eux-mêmes sous l'influence de certaines passions, telle est la *peur* excessive, qui produit quelquefois subitement la diarrhée; tel est encore le dégoût que certaines personnes éprouvent à la vue subite d'un objet hideux qui détermine le vomissement; le rire immodéré produit aussi quelquefois chez les femmes une évacuation urinaire que la volonté ne peut contenir. Il est probable que toutes les affections pénibles, fussent-elles peu actives, agissent aussi sur la contractilité des muscles de la vie organique; mais ce n'est pas ici le cas d'examiner cette question que je traiterai ailleurs.

Ayant ainsi noté la part que prend chaque série de muscles à la manifestation des passions, en considérant leur degré d'activité sous le rapport de l'expression, je crois qu'il est nécessaire de revenir sur cette coordination ou cet ensemble d'action des muscles de l'expression faciale, afin de déterminer précisément en quoi consiste le jeu de physionomie, et cette variété infinie de nuances dont il est susceptible dans les passions; car c'est là le point le plus important de l'étude de l'homme qu'on veut définir par son extérieur. C'est cette connaissance surtout que doivent acquérir non seulement les médecins pour juger de l'état moral, mais particulièrement les statuaires et les peintres pour représenter fidèlement et avec ce cachet du vrai qui frappe si vivement, les actes passionnés, les émotions, et jusqu'aux pensées les plus secrètes des sujets qu'ils traitent. Nos tragédiens et nos comiques distingués ont besoin des mêmes connaissances, afin de ne pas s'écarter du vrai dont ils prennent si souvent le contre-sens; enfin, nos orateurs, nos diplomates, nos instituteurs et nos philosophes, ont besoin des mêmes secours pour parvenir à connaître l'homme qui est l'objet constant de leurs études.

On appelle *expression*, *jeu de physionomie*, cet ensemble de contractions des muscles de la face, qui donne à cette partie un aspect particulier, lequel aspect divulgue les sensations internes, résultats d'émotions ou de passions.

Cet ensemble de contractions ne peut jamais exister pour tous les muscles d'expression à la fois, même dans les plus grands désordres du système nerveux, car il y a un *antagonisme* musculaire qui s'oppose à ce que certains muscles se contractent simultanément.(1)Cet antagonisme existe pour chaque muscle, et s'il n'est pas toujours très apparent pour les muscles d'expression, il n'en est pas de même pour les *locomoteurs*, comme nous le verrons en son lieu. Il existe une harmonie d'action pour certains muscles qui se contractent ensemble dans les affections gaies; il en existe une autre pour ceux qui se contractent dans les affections pénibles; mais cependant de manière que les contractions d'un ou de plusieurs d'entre eux prédominent sur les autres, selon la nature ou la nuance de l'affection. Cette simultanéité d'action pour exprimer toute une série d'affections, est cause que pour faciliter l'étude, nous sommes obligés de diviser les émotions de l'âme en affections *gaies* et en affections *pénibles;* il existe un troisième genre d'affections qui tient le milieu entre ces deux-là, et qu'on peut appeler *sérieuses* ou *sévères.*

Toutes les affections gaies ou joyeuses s'expriment spécialement par la contraction des muscles occipitaux et auriculaires, à laquelle se joint celle des élévateurs de la lèvre supérieure et de ses commissures. Le rire aux éclats peut être placé en pre

---

(1) L'antagonisme d'action musculaire est de toute évidence : elle existe entre les plans charnus occipitaux et post-auriculaires et les muscles frontaux, entre le palpébral interne et l'externe, entre les muscles sus-labiaux et sous-labiaux, etc.

mière ligne des expressions faciales, qui se rattachent à ces affections de contentement (voyez figures 3 et 4); car c'est au moment où il a lieu que les plans charnus occipitaux et les muscles auriculaires se contractent avec le plus d'énergie, pour tendre d'avant en arrière et transversalement la peau du front, et que les commissures de la bouche sont le plus tirées en dehors, et élevées vers l'angle externe des yeux par la contraction des muscles zygomatiques, canin et buccinateur. Dans cette simultanéité d'action, les trois muscles frontaux restent immobiles jusqu'au moment où les muscles occipitaux viennent à se relâcher; alors seulement ils agissent comme antagonistes en ramenant d'une manière insensible l'aponévrose épicrânienne en avant (1); en même temps les deux paupières se rapprochent par la contraction de la partie externe de l'orbiculaire palpébral, les commissures de la bouche

(1) Si l'on porte une grande attention sur soi lorsque les muscles occipitaux et post-auriculaires sont fortement contractés, on s'aperçoit qu'il est impossible de ramener le cuir chevelu en avant par le simple relâchement de ces muscles, si la contraction insensible des muscles frontaux, spécialement du sus-naso-frontal, ne vient pas aider à cette action.

Enfin il ne reste plus aucun doute sur cet antagonisme par les remarques suivantes :

Le buccinateur d'un côté étant paralysé, celui de l'autre entraîne la bouche de son côté; le rameau palpébral de la septième paire de nerfs étant coupé ou paralysé, la paupière est entraînée en haut et reste constamment élevée : si on la baisse forcément, elle se relève aussitôt; la branche palpébrale de la troisième paire étant paralysée, il y a immédiatement chute de la paupière; l'un des muscles de l'œil étant coupé, il y a strabisme du côté opposé, etc.

s'élèvent et repoussent fortement en haut et vers l'angle externe des yeux la masse des joues qui proémine par la contraction des muscles zygomatiques.

Lorsque le rire se modère, tous les muscles antagonistes agissent en ramenant insensiblement la commissure des lèvres en bas et en dedans; enfin, dans l'expression de la joie, sans rire marqué, il y a encore une dégradation plus évidente; la nuance de contraction des mêmes muscles s'affaiblit de plus en plus, si de la joie on passe au simple contentement, et de là à l'affabilité et à l'espérance. Cette dernière disposition occasione les contractions les moins marquées dans les muscles sus-labiaux; les muscles auriculaires n'agissent même plus alors, mais les plans charnus occipitaux sont toujours très contractés. On observe des différences ensuite dans d'autres émotions qui viennent compliquer ou modifier cette expression gaie ou joyeuse; ainsi, lorsque le désir avide vient se joindre aux différens degrés de joie que j'achève d'exposer, outre l'action des muscles que j'ai énumérés, on remarque encore une forte contraction du muscle releveur de la paupière, l'iris se montre en entier dans sa partie supérieure, et la portion nasale du muscle releveur commun de l'aile du nez et de la lèvre, se contracte et dilate la narine, surtout si ce désir est porté jusqu'à la concupiscence ou la soif de possession; mais alors il s'achemine vers les affections pénibles, et dégénère quelquefois en rage; les muscles masticateurs entrent eux-mêmes en contraction, et le buccinateur tire à lui les commissures des lèvres. L'espérance, qui par sa nature tient un peu au désir, agit aussi, mais très faiblement, sur les muscles releveur commun et palpébral. Lorsqu'on éprouve ce sentiment d'amour qui tient plutôt de la bienveillance que du désir, la contraction du releveur propre de la lèvre supérieure se joint d'une manière bien marquée à la légère élévation des commissures de la bouche et à la tension de la peau du front.

Si au lieu de ces affections gaies on éprouve seulement de la vénération, qui est un sentiment mixte, tenant et des affections gaies et des affections sérieuses, alors les plans charnus occipitaux du muscle épicrânien seulement restent contractés, tandis que les autres sont dans un état plus ou moins marqué de quiétude, selon les nuances de plaisir, de désir ou d'autres émotions qui seront ressenties. L'admiration, l'attrait, la prédilection, sont des nuances qui agissent toutes par des modifications dans les contractions des muscles dont je viens de parler, nuances qui sont d'autant plus perceptibles, que la peau de la face est plus fine, et que les contractions fibrillaires semblent s'exécuter avec plus de délicatesse; ce qui tient beaucoup aussi à la finesse de sentiment de l'individu qu'on observe.

Les affections pénibles s'expriment spécialement par la contraction des muscles sous-frontaux, et sous-labiaux (figures 5 et 6); mais ces affections se subdivisent en trois espèces bien différentes, qui sont : les affections haineuses, les afflictives et les douloureuses. En première ligne des affections haineuses se trouve la colère (figures 5 et 6), dans laquelle les muscles surciliers et sus-naso-frontaux se contractent fortement; l'abaisseur de la commissure des lèvres; et lorsqu'il y a sentiment de rage, les fibres inférieures du buccinateur et le peaucier se contractent aussi; s'il s'y joint du mépris, la houppe du menton repousse fortement en haut le milieu de la lèvre inférieure; s'il s'y joint de l'ironie, le transversal fait froncer la peau de l'aile du nez; dans tous ces cas, le muscle releveur de la paupière maintient l'œil plus ou moins ouvert; on dit proverbialement dans une colère excessive que *les yeux sortent de la tête*. Si la colère est accompagnée de la satisfaction qu'on éprouve par l'accomplissement de la vengeance, alors les muscles sous-frontaux et sous-anguli-labiaux, se relâchent de leurs contractions, les muscles occipitaux se contractent, et les muscles buccinateur, peaucier et releveur de la paupière, semblent seuls se contracter dans la face; ils agissent avec énergie. Les muscles masseter et temporal se contractent aussi.

Si au lieu d'une colère si violente, qui ne peut jamais exister que passagèrement dans ce mode aigu, on éprouve une colère permanente ou froide, c'est de la haine; alors toutes les contractions précédemment décrites existent d'une manière bien moins prononcée. Les dégradations de ces affections sont le dédain, l'aversion, la fâcherie.

Quand l'affection pénible est afflictive, sans colère, et occasione le pleurer, alors l'orbiculaire palpébral se contracte fortement, les paupières se rapprochent beaucoup, l'abaisseur de l'angle des lèvres, le releveur commun de la lèvre et de l'aile du nez, et l'abaisseur de la peau du front, se contractent selon le degré d'affliction ; le surcilier se contracte légèrement.

Les dégradations sont l'affliction avec écoulement de larmes, sans forte contraction des muscles ; le chagrin, qui est la même chose, sans écoulement de larmes ; le déplaisir, qui se rattache quelquefois à l'expression colérique ; le regret, la mélancolie, l'abattement, l'ennui. Ces diverses affections sont des nuances dans lesquelles les contractions des muscles qui agissent dans l'espèce, ont lieu d'une manière moins appréciable, et semblent plutôt se passer dans la peau que dans les parties charnues.

Dans quelques unes de ces nuances, lorsqu'elles sont marquées, les contractions du diaphragme se joignent à celles des muscles d'expression ; de là les bâillemens, les soupirs et les sanglots.

Les affections douloureuses font contracter les muscles sous-frontaux, l'orbiculaire des paupières, et, dans une nuance plus légère, les sous-labiaux, à l'exception de la houppe du menton : ces contractions sont en outre accompagnées de celles des muscles sous-maxillaires, lorsqu'on s'apprête à jeter des cris ; ou des muscles masseter, temporal, buccinateur et peaucier, lorsqu'il y a sentiment d'impatience ou de colère contre la douleur ou l'objet qui l'a fait naître.

Les dégradations de ces affections sont celles des nuances douloureuses elles-mêmes : quand elles ont lieu insensiblement, les muscles antagonistes ramènent peu à peu dans l'état de quiétude ceux qui se sont plus ou moins fortement contractés.

Il est des affections mixtes qui se rattachent à la haine et au chagrin, et quelquefois à l'espérance ; telles sont l'envie et la jalousie. Les expressions qu'elles déterminent tiennent alors de ces différentes affections. D'autres tiennent en même temps de l'affabilité et de l'affliction, telle est la pitié, qui doit être représentée par des contractions dans une nuance légère, tenant à ces deux sortes de sentimens si différens.

Il existe une foule de modifications qui résultent de la combinaison de toutes ces contractions diverses, exercées dans une nuance presque imperceptible ; et il ne faut rien moins qu'une observation très exercée pour démêler ces faibles indices de contraction, qui donnent à l'ensemble de la physionomie, soit cette teinte de mélancolie mélangée d'espérance ou d'aversion, soit cette prédilection mélangée de regrets ou de souffrance. Toutes ces nuances, quelquefois si fugitives, sont d'une grande difficulté à saisir ou à représenter.

Enfin, les affections qui n'élèvent ni n'abaissent

la peau du front ni les angles de la bouche, et qui conséquemment ne sont ni gaies ni tristes, sont des affections sérieuses ou sévères, et tiennent en quelque sorte le milieu entre les deux autres espèces : à celles-là se rapportent la sévérité, l'étonnement ou le saisissement, la méditation, la rêverie, l'attention, la contemplation et toutes les sensations qui se lient à l'exercice des facultés intellectuelles, sans plaisir et sans peine proprement dit.

L'aspect sérieux consiste dans une espèce d'immobilité de tous les muscles d'expression (voyez fig. 1 et 2), qui se maintiennent réciproquement en équilibre en balançant leurs forces antagonistes. Cet aspect se nomme gravité, quand il s'y joint un maintien imposant de tous les autres muscles du corps ; et prend le nom de sévérité, quand une légère contraction des muscles sous-frontaux se manifeste : c'est déjà alors un acheminement à la fâcherie. Quand les yeux s'arrêtent en fixant sur un objet des regards scrutateurs, cette expression se nomme attention ; si elle s'accompagne de réflexions, le muscle frontal se contracte vers le haut, et la peau du front se ride transversalement (voyez fig. 7 et 8) ; quand la réflexion est pénible, le muscle naso-frontal se contracte et abaisse la peau du front ; s'il y a simplement quelque difficulté de conception, ce sont les muscles surciliers qui se contractent : il y a alors méditation ; mais la méditation peut exister sans que les regards

soient fixés attentivement sur un objet ; cela a lieu
toutes les fois que l'objet sur lequel on médite est
représenté mentalement ; si la réflexion est vague,
et que les regards ne soient pas arrêtés d'une manière déterminée sur un objet, il y a rêverie ; la
rêverie est pénible si les muscles sous-frontaux se
contractent ; elle est agréable si la peau du front
se tend et que les commissures de la bouche s'é-
lèvent ; il en est de même de l'attention et des réflexions qu'elle suggère. La contemplation est une
attention long-temps prolongée, et dans laquelle
on se complaît, sans que pour cela il soit nécessaire que les sensations qu'elle fait naître procu-
rent du plaisir.

L'étonnement est classé parmi les affections sérieuses, quoiqu'il ne naisse jamais que d'une sensation
vive, et qu'il puisse s'accompagner d'un sentiment
de joie ou de peine ; dans cette affection tous les
muscles de la face restent immobiles, à l'exception
de l'élévateur de la paupière, qui se contracte éner-
giquement, et du muscle frontal qui porte fortement
en haut le milieu de chaque sourcil, en leur faisant
décrire un arc (voyez fig. 7 et 8) ; de plus, le
muscle digastrique abaisse la mâchoire inférieure
et fait entr'ouvrir la bouche ; lorsque l'étonnement est causé par un objet qui frappe tout-à-coup
les sens, surtout ceux de la vue et de l'ouïe, il y
a surprise ou saisissement ; les contractions qui se
manifestent dans l'étonnement s'accompagnent
alors communément de mouvemens involontaires

des muscles des membres, soit pour fuir, pour re-
culer ou pour se mettre en garde contre le danger,
et des muscles respiratoires, qui exécutent une
subite inspiration; si l'étonnement ou la surprise
sont accompagnés de joie ou d'affliction, alors il y
a combinaisons de l'action des muscles qui agissent dans ces affections avec ceux qui se contractent dans l'étonnement; si la surprise est causée
par un objet hideux ou terrible, il y a effroi
caractérisé par la combinaison des contractions
des muscles qui agissent dans l'étonnement et la
douleur; dans ce cas, les muscles des membres
sont comme frappés de stupeur, les mouvemens des
muscles respiratoires et ceux du cœur s'accélèrent;
quelquefois la membrane musculeuse intestinale
se contracte et il y a diarrhée; si les forces musculaires des membres ne sont pas paralysées et qu'il
y ait fuite précipitée, alors ce n'est plus de l'effroi, c'est de l'épouvante; quand ce sentiment
d'effroi est à un moindre degré, il constitue la
frayeur; dans une nuance bien moindre et lorsqu'il n'y a pas surprise, mais que le sentiment
d'effroi est prévu ou redouté, il devient de la
crainte; en ce cas les contractions des muscles qui
expriment l'étonnement s'exercent à un degré bien
plus faible, ordinairement même la bouche ne
s'entr'ouvre pas, et le mélange des sensations de
peine et de plaisir peut avoir lieu et déterminer
les contractions qui sont propres à ces affections,

ce qui n'a jamais lieu dans l'effroi, qui est un sentiment trop subit.

Toutes les affections sérieuses sont les plus susceptibles de devenir mixtes, conséquemment de combiner leur aspect avec celui des autres affections avec lesquelles elles se marient. Dans ces affections sérieuses, il faut encore comprendre la honte, qui offre un aspect particulier dans lequel les yeux et les paupières supérieures se baissent par la contraction du sous-oculaire, de la partie supérieure du palpébral externe et le relâchement du palpébral interne; en outre, toute la face se couvre de rougeur; si à la honte se mêle un sentiment pénible, il y a contraction des sous-frontaux; s'il s'y mêle du plaisir, il y a contraction des occipitaux; ce dernier sentiment prend plus souvent le nom de pudeur que celui de honte.

Le calme parfait, qui serait une absence de toute expression, et qui consisterait dans le relâchement de tous les muscles faciaux, est une chose fort rare et peut-être impossible; l'empire que les hommes forts acquièrent sur eux-mêmes pour maîtriser leurs mouvemens musculaires dans les émotions qu'ils éprouvent, ne leur fait pas opérer le relâchement des muscles ; mais un effort de contraction égal dans tous, qui maintient l'équilibre entre eux.

Tous les mouvemens des muscles d'expression sont soumis aux lois que je viens de signaler; ceux qui s'exécutent ou qui sont représentés contradictoirement à ces lois, sont des contre-sens, et ne proviennent pas d'émotions vraies ni d'actes passionnés; ils doivent être relégués au rang des grimaces.

www.ingramcontent.com/pod-product-compliance
Lightning Source LLC
Chambersburg PA
CBHW060444210326
41520CB00015B/3837